ロボットを しょうかいしよう

わたしは、

| というロボットを しょうかいします。

なまえ

この ロボットは、

（なにをしてくれるかな?）

くれる ロボット

※コピーしてつかうことができます。つかいかたは、この本のさいごにあります。

ロボット大図鑑

だいずかん

どんなときにたすけてくれるかな？

5

とくべつな場所ではたらくロボット

ばしょ

監修　佐藤知正

ポプラ社

もくじ

この本の見かた

ロボットの名前

ロボットをつくった会社や研究機関など

ロボットを開発した国、大きさなどの情報が書かれている。

- 開発国…共同で開発した場合はふたつ以上の国名がならびます。
- 開発年…ロボットを開発した年
- 発売年…ロボットを発売した年

ロボットによって情報の種類がかわります。

ロボットのおもなはたらきをわかりやすくしょうかいしている。

ロボットの「できること」がわかる。

QRコードをタブレットやスマートフォンで読みとると、ロボットの会社や研究機関などがつくった映像を見ることができる。

＊一部YouTubeの映像があるため、えつらん制限がかかっているタブレットやスマートフォンでは見られないことがあります。この本のQRコードから見られる映像はお知らせなく、内容をかえたりサービスをおえたりすることがあります。
＊一部映像のないページもあります。

ロボットのどこにどんなはたらきがあるかがわかる。

これはすごい！ ロボットのすごいところがわかるよ。

もっと知りたい！ ロボットについてさらにくわしくせつめいしているよ。

開発こぼれ話 ロボットの開発にかかわる話をしょうかいしているよ。

※この本の情報は、2024年1月現在のものです。

はじめに

　この巻では、宇宙や水中といった世界や、災害やきけんがせまる状況で、かつやくするロボットたちをしょうかいします。どれも、わたしたちの活動の場を広げてくれたり、安全を守ってくれたりするロボットたちです。

　このようなロボットは、右の図のようにごくごく小さな世界から、はては宇宙の広大な世界まで、そうぞうするのもむずかしいような世界でかつやくしています。たとえば、宇宙を探査するロボットは、地球とそのロボットが通信するだけでも、片道数十分かかってしまうほど遠くにいます。災害救助のロボットは、災害のがれきの中に入って、状況をしらべたり伝えたりしなければなりません。このような困難な状況ものりこえて、ロボットはにんむをはたしているのです。

　この巻に登場するロボットたちがいる場所や状況に、思いをめぐらせてみましょう。そして、つぎをゆくロボットの将来のすがたを考えてみましょう。

東京大学名誉教授

佐藤知正

小さな世界から広大な世界でかつやく！

細胞の中から宇宙まで、ロボットがかつやくしているよ！

とくべつな場所ではたらく

わたしたちの身近ではないところで、がんばっているロボットがいます。この巻では、人が行けない場所やきけんな場所で、はたらいているロボットたちをしょうかいします。

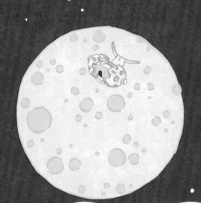

36ページ

38ページ

40ページ

42ページ

26ページ

22ページ

28ページ

8ページ

30ページ

10ページ

12ページ

24ページ

ロボットたち

32ページ

34ページ

14ページ

16ページ

18ページ

とくべつな
場所ではたらく
ロボットを
見てみよう！
→

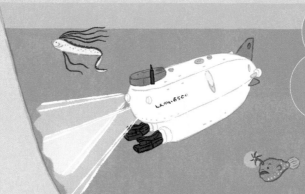

ROBOデータ

エアコア
[Magirus]

開発国　ドイツ
高さ　約210〜
　　　326cm
長さ　約300cm
幅　約165cm
重さ　約3900kg

このロボットがあれば…

きけんな火事を
ロボットひとりで
安全に
消火できるよ。

火事の現場に近づいて火を消してくれる
放水消火ロボット

放水消火ロボットは、火事の現場に近づいて、ひとりで火を消してくれるロボットです。

火事は、1秒でもはやく火を消さなければなりません。大きな火事の現場では、火のいきおいが強すぎたり、体にわるいけむりが発生したりして、とてもきけんで人が近づけないことがあります。しかしこのロボットなら、きけんな場所に人よりも近づくことができます。火に近づくと、タービンのはねが回転しておこる強い風をつかって、遠くまでいきおいよくたくさんの水をかけて火を消します。

タービン
中に回転する大きなはねが
ついていて、風の力で
水をいきおいよくとばせる。

◀タービンを
うしろから見
たところ。
たくさんなら
んだはねが見
える。

フロントシールド
上下に動いて、道をじゃまする
ものをどけてくれる。

クローラ*
でこぼこな道やどろどろの道、
かたむいた地面でも、たおれずに
すすむことができる。

＊クローラ：車輪が動くと、車輪にまかれたベルトが回ってすすむそうち。

火事のようすにあわせた消火ができる

ロボットは、最大60m先まで水をとばせます。そして、1分間に4000Lもの水をとばせるため、大きな火事を消すことができます。

また、きりのように水をふきつけて、大きく広がった火を消すこともできます。さらに、火を消す薬剤が入ったあわをだすこともできるので、水だけでは消せない火事でもかつやくします。このように、さまざまな火事の種類にあった方法で火を消します。

しかも、火事の現場に、タービンから強い風をあてることで、けむりをふきとばすこともできます。

▲いきおいよく水をとばしているようす。

▲薬剤が入ったあわをかけているようす。

リモコンで、遠くから安全に動かせる

最大300mはなれたところから動かせるので、火事のようすを遠くからたしかめながら、消火することができます。レバーとボタンをつかってそうさする、ジョイスティックつきのリモートコントローラーは、みじかい時間のれんしゅうだけで、どの消防士でもかんたんに動かせるつくりになっています。

▶リモートコントローラー。

ROBO データ

クインス

[東北大学／
千葉工業大学／
国際レスキュー
システム研究機構]

開発国	日本
開発年	2010年
長さ	72cm
幅	48cm
重さ	約20kg

きけんな場所でも遠くからしらべられる
災害情報収集ロボット

災害情報収集ロボットは、災害などでくずれた建物やまちの中を移動して、被害のようすをしらべます。

災害がおきたとき、救助活動をするためにはそのようすがわからなければいけません。災害現場は救助する人にとってもきけんな場所です。このロボットは遠くから動かして、被害のようすをカメラや温度計、センサーなどでしらべることができます。にげおくれている人も見つけ、はやく安全な救助につなげます。

このロボットがあれば…

災害で
きけんになった
場所のようすを
知らせてくれる！

動くようすは
ここから↓

カメラ
カメラで記録した
被害の映像をすぐに送れる。

センサー

メインクローラ
ベルトがまわることで前にすすむ。
クローラ*のどこかが地面に
ついていればすすむことができる。

マイク
音を記録して送れる。

ボディ
1mくらいの高さから
おちてもこわれない。

サブクローラ
うでのように、いろいろな
方向に動くので、でこぼこした
ところもすすめる。先のほうの
車輪が大きいので、がれきの
すきまにはさまりにくい。

写真提供：千葉工業大学

*クローラ：車輪が動くと、車輪にまかれたベルトがまわってすすむそうち。

これができるよ！

でこぼこの地面でも かんたんにすすめる

ロボットは、地形や地面の形にあわせてすすみかたを自分でかえることができるので、災害でこわれた道やがれきの上も、かんたんに動くことができます。階段ののぼりおりも、階段のとちゅうで向きをかえることも、歩いている人や障害物をよけることもできます。

写真提供：東北大学

▶ロボットは、でこぼこした石の上でものぼっていくことができる。

これができるよ！

被害のようすを くわしくしらべる

ロボットは、3Dスキャナーをとりつけることで、こわれた建物の形や道のがれきの高さなどを動きまわりながらしらべ、そのようすをデータにします。そうさしている人は、そのデータをもとにしてつくられた立体的な地図を見ることができます。また、まわりの温度や湿度のデータ、にげおくれている人の声や音が録音された場所などを、その立体的な地図に組みこむこともできます。

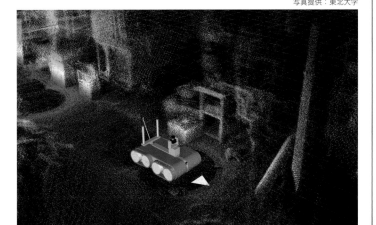

写真提供：東北大学

▲ロボットがしらべたデータをもとにしてつくった、立体的な地図。高さが色わけされている。

これはすごい！ 事故がおきた原子力発電所の中にも！

2011年に東日本大震災がおきたとき、福島第一原子力発電所で原子炉がこわれ、水素爆発がおこりました。すぐに建物の中のようすをしらべなくてはならないのに、とてもきけんで人が近づくことすらできませんでした。

そこで、この災害情報収集ロボットが改良してつかわれ、建物の中のようすなどのだいじなデータをあつめることができました。

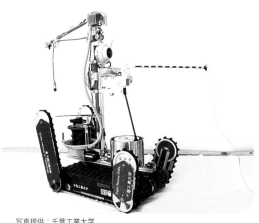

▶原子力発電所の中に入ったときの装備。放射線の量をはかるためのセンサーや、通信用のケーブルなどがとりつけられた。

写真提供：千葉工業大学

ROBO データ

スパイダー
LX8
エルエックスエイト

［ルーチェサーチ］

開発国	日本
開発年	2015年
高さ	70cm
長さ	120cm
幅	110cm
直径	約160cm
重さ	24.5kg

このロボットがあれば…

上から見た立体的な地形図をつくれるよ！

上空からレーザーをつかって地形をしらべる
地形調査ロボット

地形調査ロボットは、上空からレーザー光をだして地形をしらべるロボットで、ドローンのなかまです。あつめたデータや写真から、立体的な地形図をつくります。ロボットは自分ひとりで指定された場所までとんでいけるので、人が近づくのがきけんな災害現場にも入ってしらべることができます。

データからつくられた立体的な地形図を見ると、災害地のようすがわかり、さらに被害が広がらないように、さまざまな対策を考えることができます。

プロペラ
合計8まいプロペラがあり、かさがさせないくらいの強い風の日でもとべる。

GPS*通信アンテナ
人工衛星からの電波を受けるアンテナ。

ボディ
かるい材料でつくられており、150mの高さまでとべ、半径1km以内を撮影できる。

レーザー
地面に、まっすぐのびた光をとばして、地形のようすをはかるそうち。

アーム（うで）
4本のアームがそれぞれ2まいのプロペラをささえている。

＊GPS：宇宙にうかぶ人工衛星をつかって、場所を知る機能。

これができるよ！

地図をつくるための
データをあつめられる

ロボットが上空からレーザーをつかって地上をしらべることで、人が目で見たり、写真をとって見なおしたりするだけではわからない地形のようすがわかります。

レーザーでは、生えている1本1本の木の高さまでしらべることができます。さらに、ロボットがとった画像からコンピュータで植物のデータだけとりのぞいて、木の下にある地面のみの地形図のデータもつくることができます。

▲飛行機よりもひくいところからレーザー光をだすので、より細かくしらべられる。

レーザー光

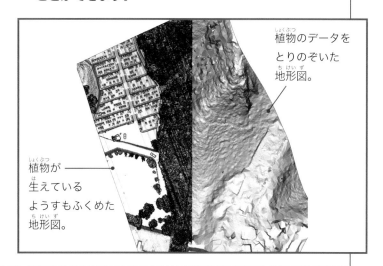

植物のデータを
とりのぞいた
地形図。

植物が
生えている
ようすもふくめた
地形図。

これができるよ！

人が行けない場所でも
ロボットだけでしらべられる

人がリモコンで動かすだけでなく、ロボットにあらかじめ行き先や道のりを入力しておくと、ロボットひとりで目的の場所までとんでいき、しらべたあとにもどってくることができます。そのため、きけんで人が近づけないところでも、ロボットはしらべることができます。
1回の飛行でロボットは、最大18分間とびつづけることができます。

▶東日本大震災で爆発事故がおこった、福島第一原子力発電所周辺の地形をしらべるため、ロボットをとばした。

これは
すごい！

こわれても、すぐにはつい落しない

1本のアームの上と下に2まいプロペラがついているため、もし1まいがこわれても、もうかたほうのプロペラの力で、すぐについ落せず、元の位置にもどってこられるようにつくられています。

ROBO データ

BlueROV2

[ブルーロボテックス／
チック]

開発国	アメリカ
開発年	2016年
高さ	25.4cm
長さ	45.7cm
幅	33.8cm
重さ	12kg

このロボットがあれば…

海や川などの
水中のようすを
しらべられるよ。

水中で撮影したり、ものをつかんだりできる
水中調査ロボット

水中調査ロボットは、海、川、湖、プールなどのあらゆる水中に入り、中のようすをしらべるために、写真や映像をとるロボットです。人が陸地から動かして、ふかさ100mまでもぐってしらべることができます。海の中の岩と岩のあいだや、災害でにごって見えにくくなった川など、人にはあぶなくて入れないところも、ロボットがかわりに入ってしらべてくれます。

また、とくべつな部品をつけることで、水中でものをはこんだり、地形をはかったりすることもできます。

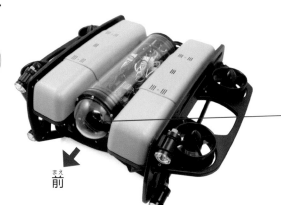

前

カメラ
水中でも写真や映像がとれる高性能カメラ。撮影している水中のようすを、地上からも見ることができる。

▼正面から見たところ。

スラスター
水中でロボットの向きやかたむき、すすむスピードを調整する。

▼ロボットを海にしずめるようす。

ライト
暗い水中を明るくてらす。明るさは、動かす人が手もとで調節する。

動くようすは
ここから

これができるよ！

水中のようすを、地上にいながら見ることができる

コントローラーをつかって、ロボットを自由に動かすことができます。カメラがとった映像は、そのまま通信ケーブルを通じて、地上にあるパソコンの画面にうつしだされます。

▼水中調査ロボットのしくみ全体図。

パソコン
カメラがとっている映像が、画面にうつしだされる。

水中へ

ケーブル

コントローラー
映像を見ながら、コントローラーでロボットを動かす。

▲ロボットが水中をすすむようす。

これは
すごい！

追加の部品をとりつけてパワーアップ！

「グリッパー」という手のような部品をロボットの正面にとりつけることで、水の中にあるものをつかんだり、ひっぱったりすることができます。このグリッパーをつかって、水中の生物を調査のためにもちかえることもできます。ほかにも、音のはねかえりでさんばしや岩、ボートなどの障害物を見つけられる「ソナー」をつかうことで、にごった水の中でも、ぶつからずに安全な調査をすることができます。

▶ソナー

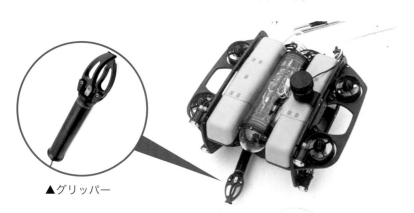

▲グリッパー

▲ロボットにとりつけたところ。

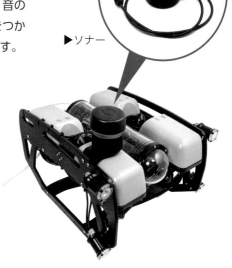

▲ロボットにとりつけたところ。

ROBO データ

しんかい6500
[海洋研究開発機構]

開発国	日本
開発年	1989年
高さ	4.1m
長さ	9.7m
幅	2.8m
重さ	26.7t

このロボットがあれば…

深海の底まで しらべられるよ!

人をのせて地球や生命のはじまりをさぐる
深海探査ロボット

深海探査ロボットは、「深海」とよばれるふかい海の底までもぐって、海の中のようすをしらべるロボットです。

海は、ふかくなるほど太陽の光がとどきません。また、水が重たくなって、ほとんどのものがおしつぶされてしまいます。そのため、人が海のふかいところまでもぐってしらべることができず、わからないことが多くあります。

深海探査ロボットをつかうことで、人は、なんどもふかい海まで安全に行き来することができ、海底のようすをかんさつしたり、海底にある岩石をとってきたりすることができます。

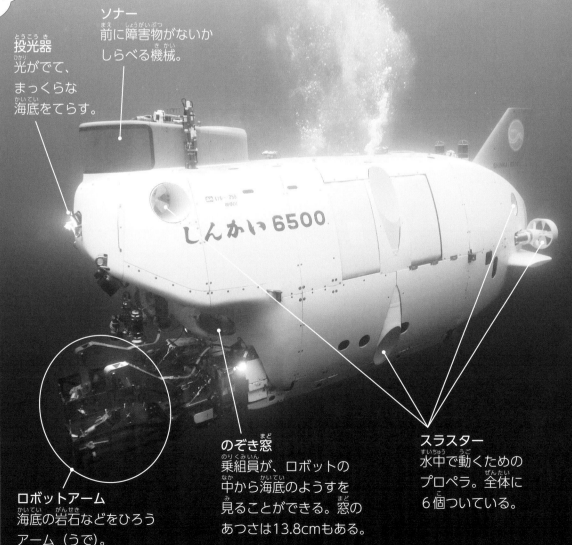

ソナー
前に障害物がないかしらべる機械。

投光器
光がでて、まっくらな海底をてらす。

ロボットアーム
海底の岩石などをひろうアーム(うで)。

のぞき窓
乗組員が、ロボットの中から海底のようすを見ることができる。窓のあつさは13.8cmもある。

スラスター
水中で動くためのプロペラ。全体に6個ついている。

動くようすはここから↓

ふかい海の中までもぐれる

このロボットがもぐることができる、6500mほどの深海では、地上の約700倍のおす力がロボットにかかります。それでもロボットがつぶれないのは、その体も窓も、がんじょうな材料と正確な技術によってつくられているからです。人をのせて、ふかさ6000mまでもぐれる深海探査ロボットは、現在、世界に数えるほどしかありません。

▲コックピットは、直径2mの球状で、3人のり。がんじょうな材料でつくられている。

アームとハンドを器用に動かせる

ロボットには、コックピットの中から動かすことができるアームとハンド（手）が2本ついています。アームとハンドは、コントローラーをつかって人のうでと手のようになめらかに動かすことができます。
また、72kgまでのものをもつことができ、岩石をとってきたり、海底にいる生きものなどをもちあげたりすることができます。

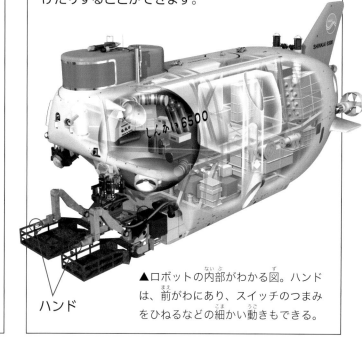

ハンド

▲ロボットの内部がわかる図。ハンドは、前がわにあり、スイッチのつまみをひねるなどの細かい動きもできる。

深海のなぞが少しずつわかってきた

ふかい海へ行き、安全にもどってくるだけでもたいへんなことですが、「しんかい6500」は、これまでに1700回以上も深海に行っています。
大地震の震源地ふきんの海底で、大きなひび割れを見つけて、地震の研究に役だてたり、日本のまわりの海底の情報をあつめて、海底地図をつくることに協力したりもしています。

▶コックピットの中のようす。さまざまな機材がとりつけられている。

ROBO データ

オーシャン ワン ケー
Ocean OneK

［スタンフォード大学］

開発国	アメリカ
開発年	2016年
長さ	約152.4cm
重さ	200kg

海の中のようすをしらべる
せん水探査ロボット

せん水探査ロボットは、海にもぐって、海の中のようすをしらべるロボットです。船や人では行けない、きけんな場所でももぐることができ、小さな生きものをかんさつしたり、細かいものをひろいあげたりすることもできます。

長い時間、人は海にもぐって作業することはできません。しかし、このロボットがあれば、大きなせん水艇では入れないようなせまいところでも、長時間安全に作業することができます。

このロボットがあれば…

海の中でも
せまい場所を
しらべられるよ！

スラスター
海の中をすすむためのプロペラ。
ぜんぶで8個ついている。

カメラ
海の中でも映像を立体的に
とることができる。

PHOTO：Stanford University

ハンド（手）
ものをつかみ、
ものの重さや水の動きなどを感じて、
コントローラーに伝えることができる。

これができるよ！

ふかい海の中を およぐことができる

せん水探査ロボットは、最深1000mというふかい海の中でも、あさい場所でおよいでいるダイバーと、ほぼ同じはやさですすむことができます。

▶はなれた船の中で、ロボットを動かしている。

PHOTO：FredericOsada/DRASSM/ Stanford University

これができるよ！

ふかい海の中で 人が動くとおりに動ける

ロボットは、人が地上や船の上など、安全な場所から海の中の映像を見ながら、コントローラーをつかって、動かします。

ロボットは、ものをつかんだり、ハンドを広げたりという、細かい動作でも、指示されたとおりに動きます。

ロボットのハンドがものをつかむと、その重さや動きがコントローラーを通して、動かしている人にも伝わるので、まるで、自分が海の中でものをつかんでいるように感じられます。

▶海の底をしらべるため、海底の石をとりだすようす。

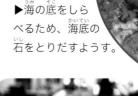

PHOTO：Deep Dive Dubai
©Osada Seguin/DRASSM/
Stanford University

◀コントローラーで、ロボットのアーム（うで）やハンドを動かすようす。

PHOTO：Stanford University

もっと 知りたい！

調査のほか、工事や救助などの役にたつ

このロボットは、これまで、地中海にしずんだイタリアの蒸気船「フランチェスコ・クリスピ」など、ちんぼつした船や飛行機、せん水艦を探索してきています。

ロボットが見たりさわったりするようすが動かす人にもわかるので、海の底でケーブルを修理する工事や、海の中での人の救助などにも役にたつと考えられています。

▶海底を800m以上移動して、ちんぼつした船をさがしあてたときの写真。

PHOTO：Frederic Osada/DRASSM/ Stanford University

ロボット技術で災害救助！

人より体が小さい動物や昆虫は、人が入れないせまい場所に入ることができます。そこで、動物や昆虫に、ロボットをつくる技術から生まれた機械をとりつけて、災害現場で人をたすけるための研究がすすめられています。

とくべつなスーツを着て人をさがしだす

救助犬用サイバースーツ
（東北大学）

「救助犬用サイバースーツ」は、とくべつな機械の入った服のことで、災害などのときに、たすけを必要としている人をさがしてくれる救助犬が身につけます。

これまでは、救助犬ががれきの下などに入っても、そとからはようすがわかりませんでした。このサイバースーツには、GPS*や、カメラ、マイク、センサーなどの機械が入っているため、人は、その機械から送られてくる映像などの情報を、タブレットで確認できます。がれきの中のようすをその場ですぐ確認できるので、早く人をたすけることができます。

*GPS：宇宙にうかぶ人工衛星をつかって、場所を知る機能。

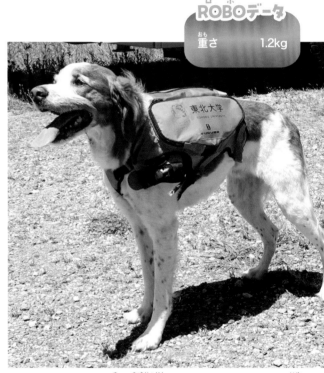

ROBOデータ
重さ　1.2kg

▲サイバースーツを着た救助犬。サイバースーツには、犬の心臓の動きを測定するセンサーなどもついていて、犬にふたんがかかるとわかるようになっている。

▶GPSでしらべた犬の動きの情報（左）や、カメラの映像（右）をタブレットなどで確認できる。

Dog1　Dog2　Dog3

昆虫×機械で人をたすける①
とぶ方向などを人があやつれる
（シンガポール南洋理工大学）

災害がおきたとき、がれきなどにうまってしまった人を、昆虫がさがします。カメラや無線用の受信機をとりつけ、人がはなれたところから、とぶ方向などをコントローラーで指令します。昆虫は、せまいところに入れるうえ、移動するための電池もいりません。研究ではじめにえらばれた昆虫は、オオツノカナブンです。体長6cmと大きく、3gまでの重さの機械をつけてとぶことができ、注目されています。

▲機械をとりつけたオオツノカナブン。

▶オオツノカナブンが、機械をつけてとぶイメージ。

昆虫×機械で人をたすける②
太陽電池で機械を充電しながらつかえる
（理化学研究所／早稲田大学／シンガポール南洋理工大学）

太陽電池

昆虫に人をたすけてもらう研究には、オオツノカナブンのつぎに、やはり体長が約6cmある、マダガスカルゴキブリがえらばれました。がれきのふかいところをさがすため、とんでさがすより、歩いてさがすほうがよりよいと考えたからです。マダガスカルゴキブリに、カメラや温度を感じるセンサーなどの機械をとりつけます。フィルムのようにとてもうすくてかるい太陽電池もついているので、機械を充電しながらつかえます。

機械をせおって人をたすけてくれる昆虫は、今後、災害現場でのかつやくが期待され、研究がすすめられています。

▲機械をとりつけたマダガスカルゴキブリ。　　◀太陽電池は、フィルムのようにとてもうすい。

火山の火口まで近づいて調査ができる
火山調査ロボット

ROBOデータ

無人移動ロボット

クローバー2
[東北大学/国際航業/
イームズラボ/
工学院大学]

開発国	日本
開発年	2016年
高さ	21cm
長さ	44cm
幅	38.5cm
重さ	4.4kg

火山調査ロボットは、火山がふん火したときの、火山のようすをしらべることができるロボットです。

ふん火した火山はとてもあぶないので人が近づくことはできません。火山調査ロボットは遠くから動かして、火口近くまでひとりで行ってふん火によって地形がかわってしまっていないかしらべます。また、ふん火のあとに雨がふったとき土石流がおきないかなど、だいじなことをすぐにしらべることもできます。

このロボットがあれば…

ふん火した火口のまわりをしらべられる！

動くようすはここから↓

[QRコード]

タイヤ
大きく、歯車のような形をしていて、やわらかい材料でできている。でこぼこしたところものりこえていく。

センサーユニットスペース
データをあつめるためのいろいろなセンサーをのせられる。

GPS*
ロボットがいまどこにいるかがわかる。

*GPS：宇宙にうかぶ人工衛星をつかって、場所を知る機能。

カメラ
とっている映像が、ロボットを動かしている人の手もとにとどけられる。

これができるよ！

いまおきている災害に関係するデータをあつめられる

ロボットは、まわりのようすをカメラでとります。また、ロボットはセンサーユニットスペースにのせたセンサーからいろいろなデータをあつめることができます。ガス検知センサーをのせると火山ガスが発生しているかがわかり、雨量計をのせるとそのときふっている雨の量などがわかります。

▶ロボットがあつめた火山ガスなどの情報は、安全なところでまとめて確認できる。写真はそれを表示したパソコンの画面。

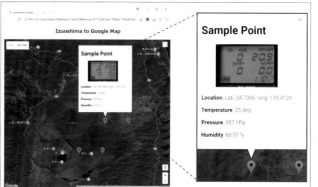

これができるよ！

火口近くまでドローンではこんでもらい、調査する

ロボットが火口までの長い山道をのぼっていくには、時間がかかり、電力がたりなくなります。そこで、目的地までは、無人でとべるドローンがはこびます。火山からもどるときもドローンがはこんでかえります。

① ドローンとつながったキャリーにロボットをのせてはこぶ。

② 火口近くでドローンが下降し、キャリーを着陸させる。

③ 着陸したら、ロボットがキャリーからでて、火口近くまですすむ。

もっと知りたい！

火口近くのでこぼこの地面でもすすめる

火山調査ロボットは、けわしい道であってもすすまなくてはいけません。このロボットは、車体がはげしくゆれても、大きくやわらかいタイヤがゆれを受けとめます。また、タイヤが歯車の形をしていることで、でこぼこの地面でものりこえることができます。でっぱらないセンサーをのせれば、たとえころんで上下さかさまになったとしても、タイヤの回転方向とカメラの向きを自動できりかえて、そのまますすむことができます。

▶上下反対になっても、走ることができる。

安全にトンネルをつくる手伝いをする
山岳トンネル工事ロボット

ROBOデータ

ロボアーチ
[前田建設工業/
古河ロックドリル/
マック]

開発国　日本
発売年　2022年
高さ　　425cm
長さ　　1708cm

トンネルをつくるときは、山や丘をよこにほり、そのほったあながくずれないよう、いくつもの鉄のわくをはりつけながら工事をすすめます。山岳トンネル工事ロボットは、人のかわりに、ほったあなに鉄のわくを入れ、コンクリートをふきつけて、かためていくロボットです。

あなの中での作業は、岩や土がくずれおちてくるきけんがあります。このロボットがあれば、人は、きけんのない場所でロボットを動かせるので、安全に工事をすることができます。

このロボットがあれば…

安全に
トンネルの工事が
できるよ。

ケージ
必要なときに
人がのるためのかご。

トンネルをささえる鉄のわく

そうさパネル

▲くずれるきけんのない場所で、ひとりで動かせる。

エレクターアーム
最大4mまでのびるアーム（うで）。
先には、鉄のわくをつなぐときに
見やすくなるミラーがある。

動くようすは
ここから↓

トンネルをささえる わくを入れる

鉄のわくは、右と左の2本をまん中の高い位置でつなげて、トンネルにはりつけます。これまでは、2本の鉄のわくを動かしたり、そのわくをつなげたりするのに、人が4人必要でしたが、このロボットはひとりで、鉄のわくを正確にはりつけることができます。

▶ロボットが鉄のわくをもちあげているようす。

わくにコンクリートを ふきつけてかためる

あなにとりつけた鉄のわくは、しっかり固定するために、コンクリートをふきつけてかためます。ロボットの3本のアームのうちの、2本で鉄のわくをおさえながら、のこりの1本のアームからコンクリートをふきつけ、わくをしっかりとかためていきます。

▲鉄のわくをささえて、コンクリートをふきつけるようす。

これはすごい！ つぎの作業に役だつデータをあつめられる！

ロボットがトンネルに鉄のわくをはりつけるとき、ほった土のようすや、あなの高さなどのデータを自動的に記録していきます。そのデータは、つぎの作業のときに前もってきけんなところがあるか見つけたり、すばやく鉄のわくをつなげる位置をきめたりすることに役だてられます。

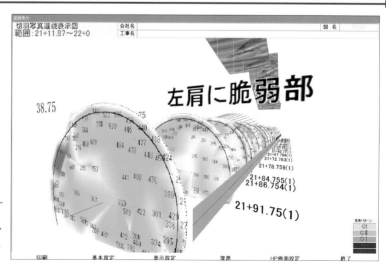

▶データのつみかさねであなの中のようすがわかり、きけんをしらせてくれる。写真は、あつめたデータを表示したパソコンの画面。

きけんな場所のようすをさぐりに行く
危険地域探索ロボット

ROBOデータ

PACKBOT
[Teledyne FLIR]

開発国	アメリカ
開発年	2001年
高さ	17.8cm
長さ	68.6cm
幅	40.6cm
重さ	10.89kg

＊最初の開発はiRobot。
＊数値は510型のもの。
＊高さはアーム（うで）部分を
ふくまず、重さはバッテリー
をふくまない。

危険地域探索ロボットは、遠くから動かすことで、人が行けない場所やきけんな場所に入りこみ、そのようすを映像にとったり、爆弾やがれきをとりのぞいたりするロボットです。

小型なので、せまい通路もすすむことができ、じょうぶなあしまわりで段差のある場所や階段ものりこえることができます。そのため、戦争や災害によって、建物がこわれたあぶないところでも、人は安全にまわりのようすをしらべられます。

このロボットがあれば…

きけんな
場所をしらべたり、
きけんなものを
とりのぞいたり
できる！

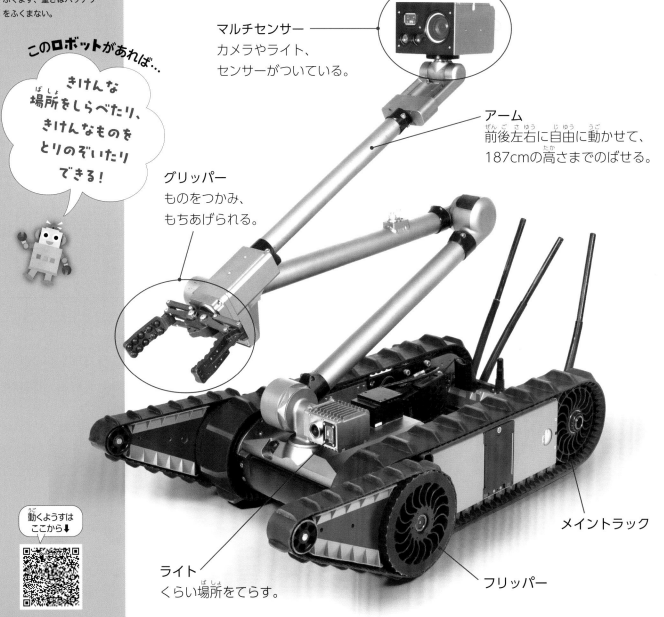

マルチセンサー
カメラやライト、
センサーがついている。

アーム
前後左右に自由に動かせて、
187cmの高さまでのばせる。

グリッパー
ものをつかみ、
もちあげられる。

メイントラック

ライト
くらい場所をてらす。

フリッパー

動くようすは
ここから↓

これができるよ！

安全なところから ようすがわかる

マルチセンサーについているカメラをつかって、その場の映像をとります。センサーは、温度や湿度、酸素の量などがはかれます。800mはなれたところからでも動かすことができ、手もとにロボットからデータが送られてくるので、人が近づけないきけんな場所のようすをしらべることができます。

▲センサーは、有毒なガスを見つけだすこともできる。

これができるよ！

重いものをもちあげ、きけんなにもつも とりだせる

アームについているグリッパーで、最大で20kgのものをもちあげられ、がれきをどかしたり、爆弾をとりのぞいたりすることができます。
きけんなものが入っているかもしれないにもつでも、近づいて中身をとりだしたり、爆発させて処理したりすることもできます。

▲かばんからきけんと思われるものをとりだすようす。

これはすごい！ 原子炉がある建物の中をしらべる

2011年3月におこった東日本大震災により福島第一原子力発電所の原子炉がこわれ、きけんな放射性物質が大量にもれてしまいました。
人が入れなくなった建物に2体の危険地域探索ロボットが入り、放射線量や酸素の量などをしらべました。

◀ロボットが自分でとびらを開け、中に入っていくところ。2体1組で作業をした。1体が実作業、もう1体は作業のようすを映像におさめた。

地中にうまっている地雷をとりのぞく
地雷除去ロボット

ＲＯＢＯ データ

対人地雷除去機
D85MS-15

［コマツ］

開発国	日本
高さ	3.6m
長さ	9.0m
幅	3.5m

地雷除去ロボットは、「地雷」を地中から安全にとりのぞいてくれるロボットです。「地雷」というのは、地中にうめられた爆弾のことで、何十年も前から戦争などでつかわれています。世界には、いまも地雷がうまったままのきけんな場所があります。

以前は人が手作業でひとつひとつ地雷をさがしてとりのぞいていました。このロボットをつかうことで、みじかい時間で多くの地雷を、安全にとりさることができます。

このロボットがあれば…

人がけがすることなく、安全に地雷をとりさることができるよ。

運転席
地雷が爆発しても安全なように防護ガラスになっている。

ガード
地雷をこわすときに、石や地雷の破片がとびちるのをふせぐ。

ローター
地中から地雷をほりだしてこわすための「かぎづめ」がたくさんついている。

動くようすはここから⬇

これができるよ！

強力なローターをつかって
安全に地雷をとりのぞける

このロボットは、ローターがほりだした地雷をその場でこわしてとりのぞきます。

ロボットはがんじょうにつくられていますので、運転席の人は安全です。

また、運転席に人が乗らなくても、はなれたところから動かすことができ、さらに安全な作業ができます。

▼はなれたところから、無線をつかって動かせる。

◀ローターについているたくさんの「かぎづめ」によって、地雷をほりおこしてこわす。

これができるよ！

人の25倍以上のはやさで
どんな土地の地雷もこわせる

人が作業する場合は、まず地雷がうまっている場所の草や石などをとりのぞきます。つぎに、金属があることがわかる機械をつかって、ひとつずつ地雷をさがしてこわします。広い土地をさがす必要があるので、作業には長い時間がかかります。

このロボットなら、けわしい山や丘、野原もどんどんすすめます。そして、強力なローターで地面をみじかい時間でほりおこして地雷をこわせます。同じ作業を人の25〜50倍のはやさでおこなえます。

▲機械で地雷をさがしているところ。

▶広い土地にうめられた地雷もあっという間にこわしてすすむ。

こわれた原子力発電所の中をしらべる
四足歩行廃炉ロボット

ROBO データ

過酷環境向け
四足歩行
ロボット
[東芝エネルギー
システムズ]

開発国　日本
開発年　2012年
高さ　約107cm
長さ　約62cm
幅　約59cm
重さ　65kg

四足歩行廃炉ロボットは、曲げのばしができる4本のあしがついていて、足場のわるいところや段差でもすすむことができるロボットです。

このロボットは、東日本大震災によって放射線の量が高くなった、きけんな福島第一原子力発電所をしらべるためにつくられました。ロボットは原子力発電所の中をひとりで歩いて、中のようすをとった映像を作業員に送りました。また、調査用の機械をのせてはこぶこともできます。このロボットをつかうことで、人は安全に中のようすがしらべられるのです。

このロボットがあれば…

人が入れない場所のようすをしらべることができるよ！

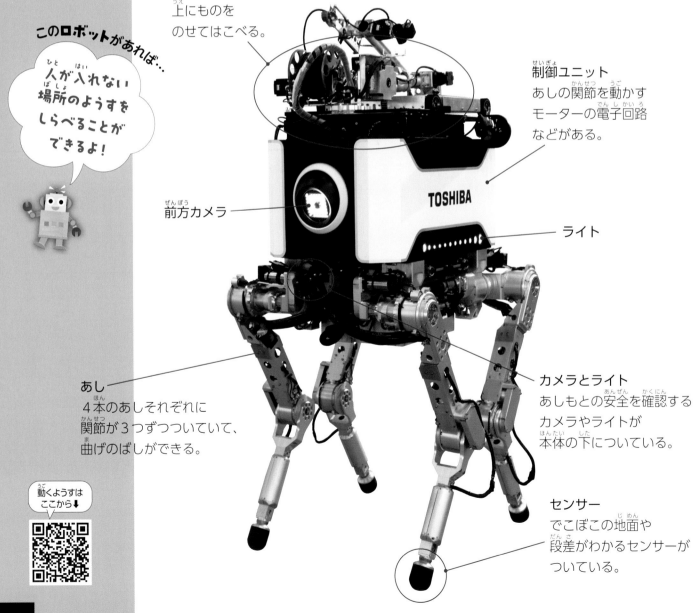

上にものをのせてはこべる。

制御ユニット
あしの関節を動かすモーターの電子回路などがある。

前方カメラ

ライト

TOSHIBA

あし
4本のあしそれぞれに関節が3つずつついていて、曲げのばしができる。

カメラとライト
あしもとの安全を確認するカメラやライトが本体の下についている。

センサー
でこぼこの地面や段差がわかるセンサーがついている。

動くようすはここから↓

なにができるの？

人が入れない原子力発電所の中心部へすすみ、映像をとる

事故がおきた福島第一原子力発電所をしらべるため、ロボットは、タイヤではすすめない建物の中を歩いてすすみ、だれも見ることのできなかった中のようすを映像にとって、無線で送りました。

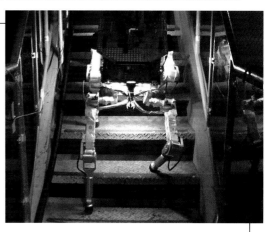

▶事故後の原子力発電所の中をすすむ、四足歩行廃炉ロボット。階段もうまくのぼっている。

重いにもつもはこぶことができる

にもつの上げおろしには、しゃがんであしを手のようにつかいます。1体で、最大20kgくらいのにもつをのせられますが、1体だけでははこべない長いものや重いものは、2体のロボットを連動させてはこぶことができます。福島第一原子力発電所では、調査用走行車を原子炉の近くまではこびました。

▲2体でにもつをもつ。

◀いっしょにしゃがんでおろす。

これはすごい！　地面がゆれてもたおれない四足歩行廃炉ロボット

四足歩行廃炉ロボットのあしには、人と同じような関節が3つあって、前後左右に動かせて、じゃまなものもよけてすすめます。地面がかたむいていたりゆれたりしても、関節の曲げのばしでバランスがとれるので、止まったりころんだりする心配があまりありません。

大きな段差があっても3本のあしを地面につけて、1本を動かすことで前にすすめるので、キャタピラや車輪がついたロボットでは行けなかった場所まで行くことができます。

▶ゆれに対応するための実験のようす。

ROBOデータ

Robonaut2
ロボノートツー

[NASA/
ナサ
ゼネラルモーターズ]

開発国　アメリカ
開発年　2011年
高さ　　約101.6cm
肩幅　　約78.74cm
重さ　　約149.7kg

宇宙で宇宙飛行士を手伝う
宇宙船内作業支援ロボット

宇宙船内作業支援ロボットは、国際宇宙ステーション（ISS）で、宇宙飛行士がおこなうさまざまな実験やしごとを手伝うロボットです。このロボットは、ひとりで動くことも、人がはなれたところから動かすこともできます。

ロボットなら、長時間かかるしごとをつかれずにおこなえます。宇宙飛行士は、時間がかかるデータをあつめる作業やそうじをロボットにまかせることで、人がやらなくてはならない科学実験などにしゅうちゅうできるのです。

このロボットがあれば…

宇宙船内で
データをあつめたり、
そうじをしたりして
もらえるよ！

動くようすは
ここから↓

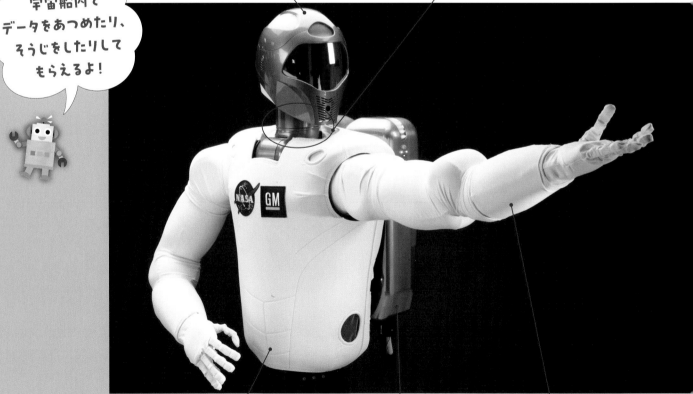

頭
カメラがくみこまれていて、
人の目のはたらきをしている。

首
人と同じように、上下、左右に
頭を動かすことができる。

どう体
人の脳にあたる、
コンピュータが中にある。
歩くためのあしは
ついていない。

バックパック
作業するときに必要な、
バッテリーが入っている。

うで
地球での重さで
9kgくらいの
ものまでもちあげる
ことができる。

写真提供：NASA

人と同じ道具をつかって作業ができる

これができるよ！

このロボットは、人の上半身そっくりにつくられており、頭には5個のカメラがついていて、人と同じように立体でものを見ることができます。ゆびには関節がついているので、ものをにぎったりつかんだりすることもできます。

そのため人と同じ動きができるので、人がつかっている道具をそのままつかって作業ができます。

▶人と同じ道具をつかえるだけでなく、人とならんで安全に作業できる。

写真提供：NASA

無重力でもうかばない

これができるよ！

宇宙ステーションの中も、ものがうかんでしまう無重力になります。宇宙飛行士の体もういてしまうため、作業をおこなうのはたいへんです。このロボットは、宇宙ステーションの中に体をとりつけられるので、うかんでしまうことがありません。また、ステーション内には、無重力で動くために手すりがたくさんあります。手すりのそうじもロボットのしごとです。

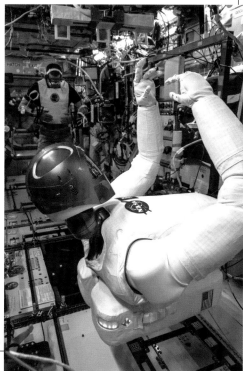

▶奥にいる人が、とくべつなベスト、手袋、バイザー（目をおおうもの）をつけ、ロボットをはなれたところから動かす。

写真提供：NASA

● そのほかのロボット

二足歩行ができ、完全な人型ロボットに！

「Robonaut2」のあとに、つぎのあたらしいロボットとして、身長約188cm、体重約136kgの人型二足歩行ロボット「Valkyrie」が開発されました。現在、アメリカのマサチューセッツ工科大学などの研究施設で、より人に近いふくざつな動きができるよう改良がすすめられています。

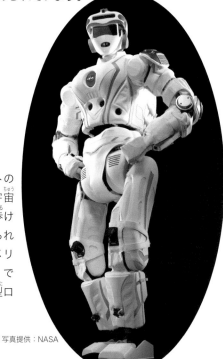

▶人型ロボットの「Valkyrie」。宇宙空間で自分で歩けるようにつくられたNASA（アメリカ航空宇宙局）ではじめての人型ロボット。

写真提供：NASA

ROBO データ

イント　ボール
Int-Ball2
[JAXA]

開発国	日本
打ちあげ年	2023年
直径	20cm
重さ	3.3kg

地球から宇宙船の中の映像をとる
宇宙船内カメラロボット

宇宙船内カメラロボットは、国際宇宙ステーション（ISS）で、宇宙飛行士のかわりに、写真や映像をとるロボットです。地球からの指示で、ISS内を、自分で動きながら写真や映像をとります。

これまで宇宙飛行士は、機械がこわれていないか確認したり、宇宙船内の実験のようすを記録するために、自分たちで写真や映像をとっていました。このロボットをつかうことで、宇宙飛行士は、その作業からはなれ、ほかの作業ができるようになりました。

このロボットがあれば…

地球からの指示で宇宙ステーションの映像がとれるよ！

LED
目のようなデザインによってロボットを遠くから見た人でも、どの方向にカメラを向けているかすぐわかる。

送風機
12個の送風機がついていて、空気をふきだすことで、動くことができる。

撮影用カメラ　　マイク

移動用カメラ
きょりや、かたむきをはかって、自分のいる場所をとらえる。

動くようすはここから↓

※映像はInt-Ball初号機。

写真提供：JAXA／NASA

これができるよ！

無重力でも動きや向きを コントロールできる

写真提供：JAXA／NASA

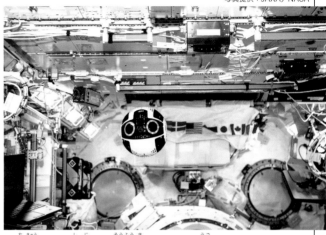

宇宙は、地球とちがって「無重力」という重さを感じないところなので、宇宙ステーションの中の空気のながれにおされて、人やものは同じ場所でとどまっていることがなかなかできません。

このロボットは、送風機から空気をふきだすことで、動いたり、自分の向きをかえたりできるため、指示をだせば、すきなところですきな角度から撮影することができます。

▲地球からの指示で、送風機をつかって動いている。

これができるよ！

うつしてすぐに地球へ映像を送る

写真提供：JAXA／NASA

ロボットが宇宙ステーションの中でとった写真や映像は、その場からすぐに地球に送られます。

うつしたものを、地球にいる人と、宇宙飛行士とがいっしょに見られるので、地球と宇宙とで、作業を協力しておこなうことができます。

▲宇宙船内カメラロボットがうつした古川聡宇宙飛行士の写真。

これはすごい！
丸い形には意味がある

写真提供：JAXA／NASA

もし、カメラロボットが、宇宙でコントロールできなくなって、人にぶつかっても、丸い形ならあたったときにいたくありません。また、丸い形は外からの力に強いため、ものにぶつかっても、あたったものもロボットも、どちらもこわれなくてすみます。

▶どこかに引っかかったり、はさまったりする心配もない。

ROBO データ

LEV-2
(SORA-Q)

[JAXA/タカラトミー/
ソニーグループ/
同志社大学]

開発国	日本
開発年	2022年

（変形前）
直径	8cm

（変形後）
幅	約12.3cm
高さ	9cm
奥行	13.5cm
重さ	約250g

月の上を自分で動いて写真をとる
変形型月面探査ロボット

変形型月面探査ロボットは、月探査機から月の上に放出され、自分で走りながら月のようすの写真をとるロボットです。うつした写真は、べつの探査機にデータとして無線で送り、そこからさらに地球に送られます。

月の表面には砂がありますが、そのようすはまだわからないことばかりです。でも、月は、昼の温度が110度以上で、夜はマイナス170度以下になるきびしい環境のため、人がしらべることができません。このロボットがあれば、地球にいながら、月の砂をしらべることができるのです。

このロボットがあれば…

地球にいながら、月面の写真が手に入るよ！

動くようすはここから↓

写真提供：JAXA

変形前

©JAXA/タカラトミー/ソニーグループ㈱/同志社大学

▲「LEV-2」が撮影した月探査機「SLIM」。
（2024年1月25日撮影発表）

変形後

月に着陸したら、ひとりで月面を走れるように自動で形をかえる。

カメラ
前後についていて、前のカメラは、まわりのようすを、うしろのカメラは、通ったあとのようすを、うつす。

車輪
回転することで、前にすすむ。

スタビライザー
どんな状態で着地しても、変形したあとに走れるようにする。

ななめにかたむいても走ることができる

30度の急な坂でも、砂をかきわけながらたおれることなくすすみます。車輪は左右同時に動かしたり、片方ずつ動かしたりすることができるので、細かい砂でふわふわな月の砂の上でも走ることができるのです。

▶細かい砂の上でもすすむことができる。

写真提供：JAXA

よくとれた写真を自動でえらび地球に送る

ロボットは、月面のようすをとった、いくつもの写真の中から、よくとれたものだけを、自動でえらぶことができます。

月に着陸してから、写真のデータを送るまで、すべて、人の手をかりずに、計画されたしごとを、自分だけの力で実行することができるのです。

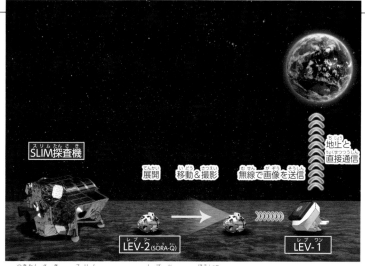

▲月探査機「SLIM」から「LEV-2」が放出され、撮影した写真を天体観測機「LEV-1」で地球に送る。

写真提供：JAXA

開発こぼれ話　おもちゃづくりの技術から生まれた！

変形型月面探査ロボットには、のりものなどから形がかわる「トランスフォーマー」という、おもちゃの技術が生かされました。おもちゃ会社には、小さくてかるく、さらに変形するしくみをつくる技術があります。そんなおもちゃ会社の技術によって、月に着地すると自動で形をかえられる、手のひらサイズのロボットが生まれました。

▲車からロボットに形がかわるおもちゃ（右）と、LEV-2（SORA-Q）（左）。

ROBO データ

小型月面探査車
[ispace]

開発国	ルクセンブルク
開発年	2022年
高さ	26cm
幅	31.5cm
奥行	54cm
重さ	5kg

月の砂の上を走り写真をとる
月面探査車ロボット

月面探査車ロボットは、月の上を動いて月の砂をあつめ、その砂の写真をとるロボットです。このロボットは、「HAKUTO-R」とよばれる、月面探査プログラムのためにつくられました。

月は大気がほとんどなく、昼間は110度以上、夜はマイナス170度以下の温度になるため、人はかんたんには行けません。

このロボットを月着陸船（ランダー）にのせて月に送ることで、人は地球にいながら月のようすをしらべることができます。

このロボットがあれば…

月の砂をあつめることができるよ！

カメラ
月ですくいとった砂や、すくうようすの写真をとることができる。

スコップ
ふだんはたたまれているが、砂をとるときに開き、砂をすくいとる。

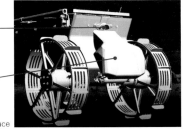

©ispace

ランダーにデータを送るためのアンテナ。

太陽の光で電気をつくるための太陽光発電パネル。

車輪
フィン（ひれのようなでっぱり）が砂にくいこむことで、すべりやすい月の砂の上でも走れる。

動くようすはここから⬇

©ispace

なにができるの？

これができるよ！

月の砂をスコップですくってあつめる

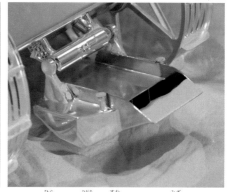

©ispace

月面探査車ロボットは月の砂をあつめることができます。うしろがわについているスコップで月の砂をすくいとって、その砂をロボットの中におさめておきます。

▲ロボットのうしろがわにたたまれているスコップが開いて（左）、砂をすくう（右）。

※写真はデモンストレーションのようす。

これができるよ！

月の砂の写真をとり、ランダーに送れる

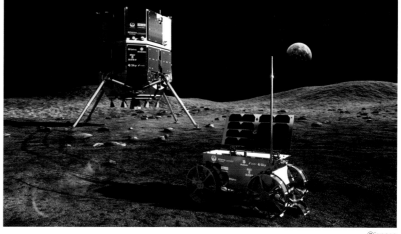

月面探査車ロボットは、後方にあるカメラであつめた月の砂の写真をとり、そのデータをランダーに送ることができます。ランダーはそのデータを地球に送ってくれるので、人は、月のようすを地球にいながら知ることができます。

▶ランダーと月面探査車ロボットのイメージ写真。左にあるのがランダー。

©ispace

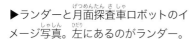

もっと知りたい！

30kgのにもつをはこべ、写真もとれるランダー

月面探査車ロボットは、ランダーが月まではこびます。ランダーには「ペイロードベイ」とよばれるにもつ入れがあり、約30kgのにもつをのせてとぶことができます。

また、ランダーにはカメラがついているので、月のようすを写真にとることができます。

▶2022年12月に最初のランダーがうちあげられた。右の写真は、月から100kmの高さで、2023年4月にランダーが撮影した月と地球。このときは月には着陸できなかったが、計画はつづいている。

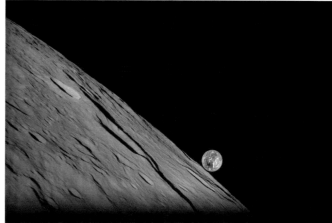

©ispace

ROBOデータ

パーサ ビアランス
Perseverance
[NASA]

開発国	アメリカ
開発年	2020年
高さ	2.2m
幅	2.7m
奥行	3m
重さ	1025kg

火星のようすをしらべて地球に伝える

火星探査ロボット

火星探査ロボットは、火星の上を走りながら、温度や地面のようすなどをしらべて、そのデータを地球に送ってくれるロボットです。

火星は地球からとても遠いうえ、平均温度はマイナス60度以下です。また、大気がとてもうすく、人が火星に行ってしらべることはまだできません。

このロボットなら、カメラやアーム（うで）などをそなえていて、自分で土や岩をとったり、火星のようすをカメラでとったりすることができます。

このロボットがあれば…

地球にいながら、火星のようすがわかるよ！

化学分析カメラ
砂や岩石などの成分を、さわらずにしらべることができる。

地中探査レーダー
火星の地下10mにある水や氷を見つけだせる。

パノラマズームカメラ
1まいで広いはんいの写真と立体的な写真がとれる。

天候測定器
温度・気圧・湿度・風速・風向きなどをはかる。

小型ロボットヘリコプター
大気のうすい火星でとぶ実験をおこなうために、ロボットの下がわにおさめられている。

酸素生成機
二酸化炭素から酸素を生みだせるか、テストする機械。

観測そうち
火星の地面からひろいとったものの成分をしらべる。

写真提供：NASA

動くようすはここから↓

火星の写真や映像、音声を地球に送る

火星探査ロボットの目的は、火星をしらべて、生きものがいたあとをさがすことです。そのため、合計23台ものカメラと、火星探査機としてはじめてマイクもつけられています。

ロボットは、火星についたときからずっと、写真や映像、音声をとって地球に送っています。人は、そのデータから、生きものがいたかどうかをしらべます。

▲火星探査ロボットがとった火星の写真。

写真提供：NASA

火星の土や岩を自分であつめる

火星探査ロボットは、火星の土と岩を自分であつめます。土や岩にふくまれる成分をしらべることで、かつて火星に生きものがいたのかどうか、などを知る手がかりになるからです。

あつめた土や岩は写真のような入れものに入れて、地面にそのままおいていきます。2033年に、べつの回収機がひろって、地球にもちかえる予定です。

写真提供：NASA

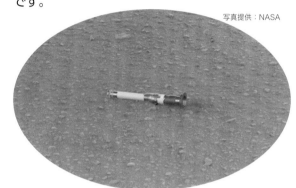

▲あつめた土や岩を入れる入れもの。

地球以外で、小型ロボットヘリコプターをとばした

この火星探査ロボットは、火星の上を自由に動きまわれますが、あまり遠くまでは行けません。そこで、より遠くまでしらべに行くために、小型ロボットヘリコプターをとばす実験がおこなわれました。

火星の重力は地球の3分の1、大気は100分の1以下しかなく、大気をおしあげてとぶヘリコプターをとばすことはとてもむずかしいことでした。しかし、ヘリコプターの重さをかるくし、プロペラを高速回転させることで、とばすことに成功しました。

◀火星探査ロボットが撮影した小型ロボットヘリコプター。

▼火星探査ロボットと小型ロボットヘリコプター。

写真提供：NASA

ROBOデータ

小惑星探査機
はやぶさ2
[JAXA]

開発国	日本
開発年	2014年
高さ	125cm
幅	100cm
奥行	160cm
重さ	609kg

宇宙のなぞにせまる
小惑星探査ロボット

小惑星探査ロボットは、太陽系にある小惑星について、しらべるロボットです。

太陽系には、数百万個の小惑星があります。このロボットは、その中のリュウグウという小惑星に着陸し、そこの砂や石をもちかえりました。

地球からリュウグウまでの距離は数億kmあり、いまの宇宙船では人が行くことはできません。小惑星探査ロボットは、人が行けない遠い小惑星でも、長い時間をかけてたどりつき、そこの砂や石をもちかえることができるのです。

このロボットがあれば…

小惑星の砂や石を地球に送ってくれるよ！

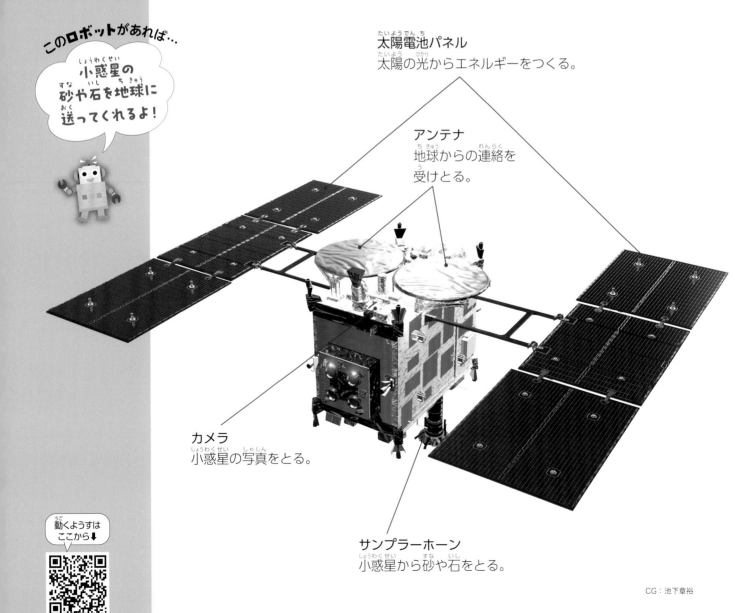

太陽電池パネル
太陽の光からエネルギーをつくる。

アンテナ
地球からの連絡を
受けとる。

カメラ
小惑星の写真をとる。

サンプラーホーン
小惑星から砂や石をとる。

動くようすは
ここから⬇

CG：池下章裕

ニガできるよ！

自分で小惑星まで行って地球にかえってくる

ロボットには、ロケットで打ちあげられたあと、小惑星にまでたどりつき、砂や石をとって地球にもちかえってくる、というやるべき計画が、はじめから細かくプログラミングされています。

また、ふたつのアンテナは電波を受信し、定期的に地球からの連絡を受けとることができます。

これらのはたらきによってロボットは、地球から遠くはなれていても、自分で小惑星にたどりつき、かえってくることができるのです。

写真提供：JAXA

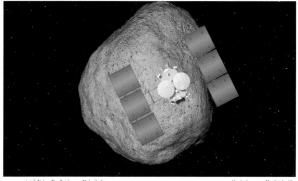

▲1週間地球と連絡がとれないと、ロボット自身が非常事態と考え、たくさんの電波を受けとれるべつのアンテナに自分できりかえる。

これができるよ！

小惑星の中から砂や石をとりだす

ロボットは、小惑星に近づくと、金属のかたまりをぶつけて小さなあな（クレーター）をつくり、小惑星の中にあった砂や石をとりだします。この砂や石は、太陽にさらされていなかったため、小惑星が生まれたときのままのこっている可能性があります。どんな成分がふくまれているかをしらべることで、地球のはじまりをつきとめる研究をすすめることができるのです。

写真提供：JAXA

▲2kgの銅のかたまりを、小惑星の表面にぶつけてクレーターをつくる（イメージ図）。

▶2020年12月にロボットが、地球にもちかえった砂や石（5.4g）。

これはすごい！

「はやぶさ2」の宇宙での旅はつづく

はやぶさ2のひとつ前の小惑星探査ロボット「はやぶさ」は、地球のまわりにある大気圏*に突入後、もえつきて、小惑星の砂や石が入ったカプセルだけが地球にもどりました。しかしはやぶさ2は、2020年12月、小惑星のサンプルが入ったカプセルを地球に向かって投げ、またべつの小惑星に向かって旅立ちました。はやぶさ2の投げた砂や石は、オーストラリアの砂漠で無事に見つかりました。はやぶさ2のつぎの目標は、球形ににた形をした1998KY26という小惑星です。

▼1998KY26とはやぶさ2の大きさのちがい。

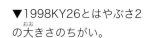

▼リュウグウ（右）と1998KY26（左）の大きさのちがい。

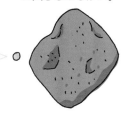

資料：NASA、JAXA 一部改変

*大気圏：地球をとりかこむ大気のあるはんい。

未来の小さなロボットたち

小さなロボットが、人の体の中でひとりで
動いて、病気を見つけてくれたらいいのに…
そんな夢がもうすぐ実現するかもしれません。

体の中をおよいで映像を送ってくれる

ミニマーメイド（ミュー社）

ROBOデータ
長さ　約3cm
直径　約1cm

薬のカプセルくらいの大きさで、口から入って胃から腸まで、自分でおよいでいって、体の中の映像をとることができます。そとから、リモートコントローラーで動かします。

胃がんや大腸がんを、はやく見つけられるように開発されました。

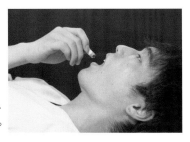

▶カプセルを飲むだけで、胃や腸の中を検査できる。

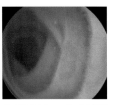

▲ミニマーメイドがうつした小腸の写真。

動くようすはここから↓

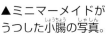

さいぼうより小さい分子でつくられている

自律型マイクロロボット（北海道大学）

ROBOデータ
大きさ 0.1mm 以下

人工的につくられた自分でおよぐロボットとして、世界でいちばん小さいとされています（2023年現在）。0.1mm より小さいものも開発されており、その大きさはプランクトンぐらいしかありません。光をあてると、水をかいておよぐことができます。

この技術をつかって、血管などに入り、体の中でかつやくするロボットのたんじょうが、期待されています。

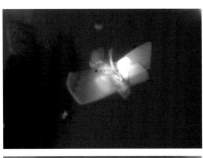

◀顕微鏡カメラでうつしたロボット。左右にある水かきのような部分を動かして、パタパタとおよぐ。

動くようすはここから↓

100μm　100μm　100μm
時間
0秒　3秒　6秒

▲光をあてたロボットの動きを下から見たようす。さいしょにいた場所が赤色の線の部分で、3秒ごとに少しずつ移動していることがわかる。

※μm：100μmは0.1mm。

こんなロボットもあるよ

きまったしごとをするロボットではなく、「こんなロボットがあったらいいな」という、夢のロボットをつくってみたいという気持ちから、生まれたロボットです。

人が動かせる大型ロボット
アーカックス（ツバメインダストリ）

このロボットは、アニメやゲームのように、ほんとうに人がのって動かせるロボットです。高さは4.5mもあり、人がロボットの中に入って動かします。自動車のように前後左右にロボットをすすめられるだけでなく、手も自由に動かせます。あたらしいのりものをめざして開発された未来のロボットです。

▲コックピットの中から4つの画面でそとを見たところ。2本のジョイスティックで動かす。

ROBOデータ

高さ	450cm
重さ	3500kg

そうじゅうせきがあるコックピットに入る入りぐち。

そうじゅうせき

かたは前後上下に、ひじは前後に動く。

手首の回転とあわせて、ゆびは5本それぞれべつべつに動かせる。

動くようすはここから↓

アーカックス

人

あとがき
ロボットで未知への チャレンジへ

　この巻では、遠い宇宙にある小惑星をしらべる「はやぶさ2」や、海の中をしらべる水中探査ロボット、きけんなものをとりのぞくためのロボット、災害のときにかつやくするロボットなど、とくべつな場所ではたらくいろいろなロボットをしょうかいしました。

　これらのロボットは、最初からそのとくべつな場所ではたらくことを考えてつくられたロボットたちです。ふだんの生活からはかけはなれた場所や、かぎられた状況を研究していくなかで、どのロボットも、未知の世界への挑戦

のためや、人の安全なくらしのためにつくられました。なかでも、通信衛星が身近になって、ふつうの人でも宇宙にかかわりをもつようになったいま、宇宙ではたらくロボットはますます発展するでしょう。

　これからさまざまな危機にぶちあたっても、ロボットは人をたすけてくれる存在になるはずです。ロボットたちがわたしたちの夢と可能性を広げてくれるでしょう。ぜひ、みなさんもロボットといっしょにあらたな挑戦に参加してください。

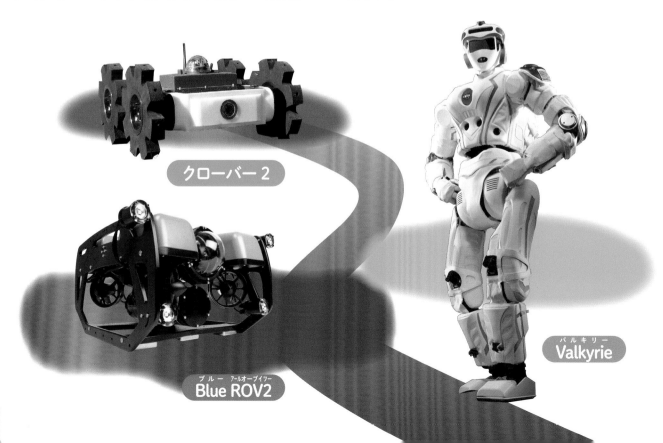

クローバー2

Blue ROV2

Valkyrie

あたらしいロボット技術に
ふれてみよう!

ロボットのことが くわしくわかるしせつ

JAXA筑波宇宙センター

展示館「スペースドーム」で宇宙開発について学べます。小惑星探査機「はやぶさ2」の実物大模型があります。

〒305-8505 茨城県つくば市千現2-1-1

郡山市ふれあい科学館スペースパーク

「惑星探査車ローバ」の操作体験ができます。国際宇宙ステーション「きぼう」の一部の実物大模型もあります。

〒963-8002 福島県郡山市駅前2-11-1
ビッグアイ20〜24階

三菱みなとみらい技術館

宇宙、海、空、陸などでつかわれる科学技術が学べます。深海のようすをしらべられる「しんかい6500」の実物大分解展示があります。

〒220-8401 神奈川県横浜市西区みなとみらい3-3-1
三菱重工横浜ビル

わっかりうむ稚内市青少年科学館

ロボットコーナーにレスキューロボットの展示があります。ロボットアームの体験もできます。

〒097-0026 北海道稚内市ノシャップ2-2-16

ロボットさくいん

● 監修　**佐藤知正**（さとう ともまさ）

東京大学名誉教授。1976年東京大学大学院工学系研究科産業機械工学博士課程修了。工学博士。研究領域は、知的遠隔作業ロボット、環境型ロボット、ロボットの社会実装（ロボット教育、ロボットによる街づくり）。これまでに日本ロボット学会会長を務めるなど、長年にわたりロボット関連活動に携わる。

● 協力　　　青山由紀（筑波大学附属小学校）

● 編集・制作　株式会社アルバ　　　　● デザイン　門司美恵子（チャダル108）

● 執筆協力　　青木美登里　　　　　　● DTP　　　関口栄子（Studio porto）

● イラスト　　オオイシチエ（p4〜7）、小坂タイチ　　● 校正　　　株式会社ぷれす

● ロボット選定協力　田所諭、大野和則（東北大学）

● 写真・資料協力（敬称略）

東京消防庁、斎藤大樹、東北大学、千葉工業大学 未来ロボット技術センター、国際レスキューシステム研究機構、ルーチェサーチ、Blue Robotics、チック、海洋研究開発機構、スタンフォード大学、シンガポール南洋理工大学、理化学研究所、早稲田大学、レステック、国際航業、イームズラボ、工学院大学、東京大学 永谷圭司、前田建設工業、古河ロックドリル、マック、iRobot、Teledyne FLIR、双日エアロスペース、東京電力ホールディングス、コマツ、東芝エネルギーシステムズ、NASA、ゼネラルモーターズ、JAXA、タカラトミー、ソニーグループ、同志社大学、ispace、池下章裕、ミュー社、北海道大学、ツバメインダストリ

ロボット大図鑑　どんなときにたすけてくれるかな？⑤ とくべつな場所ではたらくロボット

発　行　　2024年4月　第1刷　2024年12月　第2刷

監　修　　佐藤知正
発行者　　加藤裕樹
編　集　　崎山貴弘
発行所　　株式会社ポプラ社
　　　　　〒141-8210　東京都品川区西五反田3-5-8　JR目黒MARCビル12階
　　　　　ホームページ　www.poplar.co.jp（ポプラ社）
　　　　　　　　　　　　kodomottolab.poplar.co.jp（こどもっとラボ）
印　刷　　大日本印刷株式会社
製　本　　株式会社ブックアート

©POPLAR Publishing Co.,Ltd. 2024　Printed in Japan

ISBN978-4-591-18084-6/N.D.C.548/47P/29cm

あそびをもっと、まなびをもっと。

こどもっとラボ

P7247005

ROBOT

ロボット 大図鑑

どんなときにたすけてくれるかな？

監修：佐藤知正（東京大学名誉教授）

全5巻
N.D.C.548

- ■小学校低学年以上向き
- ■A4 変型判
- ■各 47 ページ　■オールカラー
- ■図書館用特別堅牢製本図書

このロボットが あれば、

（どんなときに、なにができるかな？）

おじいちゃんが ひまなとき、いっしょに話したり、

たいそうをしたり、うたをうたったりすること

が、できます。

あなたは しょうらい、どんなロボットが あったらいいと思いますか？

（あなたが、あったらいいなと思うロボットを考えて、書いてみましょう）

はうかごの サッカーで、いっしょにサッカーをしてくれる

ロボットが あったらいいと思います。人数が たりなくて、

サッカーの しあいが できないとき、このロボットが あれば、

いつでも 人数が そろって、しあいが できるからです。

● 自分や友だちや家族が、なにかこまっていることはないか
な？ こまりごとを かいけつしてくれるロボットを考えて
みよう。

● 「こんなロボットが あったら楽しそう！」というロボット
を考えてもいいよ。

ロボットが、どんな場面で、な
にをしてかつやくするか書こう。

たとえば

● ひとりでるすばんをしている
ときに、話しあいてになること

● 道にまよったときに、案内を
してくれること

● 配達をする人が たりないとき
に、かわりににもつをとどけ
てくれること

など。

すきなロボットについて
しょうかい文を書いたら、
友だちと説明しあおう。